Cómo validar un instrumento

DR. JOSÉ SUPO

Médico Bioestadístico

www.bioestadistico.com

Cómo validar un instrumento – La guía para validar un instrumento en 10 pasos

Primera edición: Enero del 2014

Editado e Impreso por BIOESTADISTICO EIRL
Av. Los Alpes 818. Jorge Chávez, Paucarpata, Arequipa, Perú.

Hecho el depósito legal en la Biblioteca Nacional del Perú.

N ° 2014-00206

ISBN: 1492278904
ISBN-13: 978-1492278900

DEDICATORIA

A los investigadores, que aportan al conocimiento y a la construcción del método investigativo…

A los que pretenden con la ciencia mejorar el mundo.

CONTENIDO

AGRADECIMIENTOS

A los siguientes amigos y colegas gracias a los cuales pudimos desarrollar la primera edición del programa de entrenamiento "Validación de Instrumentos de Medición Documentales":

María Del Refugio Valerio Candela. Licenciada en enfermería. Centro Torreón, Coahuila. (México).

Edwin Huarancca Rojas. Licenciado en Educación Ciencias Sociales. Ayacucho (Perú).

María Julieta Laudadío. Licenciada en Ciencias de la Educación. Mendoza (Argentina).

Nancy Del Valle de Abbate. Licenciada en Matemáticas. Ybapobo (Paraguay).

Rosendo Carrasco Gutiérrez. Doctor en Estomatología. Puebla (México).

Carlos Martín Estrada Vásquez. Químico Farmacéutico. Piura (Perú).

Carlos Adolfo Lujan Urviola. Licenciado en Economía, Educación. Juliaca (Perú).

Emilio Urbina Menchaca. Ingeniero Mecánico, Administrador. Docente de la Universidad Regiomontana. Nuevo León (México).

Oscar Flores Pérez. Ingeniero Agroforestal. Siuna (Nicaragua).

María Mercedes García Espil. Licenciada en Sociología y Doctorado Educación. San Luis (Argentina).

Leonel Antonio Salaverría Reyes. Biólogo Marino y Especialista en Pesquerías. Villa Nueva (Guatemala).

John Carlos M. Longa López. Médico Cirujano. Lima (Perú).

Guillermina García Madrid. Enfermera estudiante de Medicina. San Pedro Cholula (México).

María Elena Escalona Franco. Cirujano Dentista. Toluca (México).

Anabel Sonia Chiappello. Licenciada en Estadística (Ciencias exactas). Santa Fe (Argentina).

Sócrates David Pozo Verdesoto. Médico Cirujano. Mg. Salud Pública y Nutrición. Guayaquil (Ecuador).

Blanca Zamora Celis. Ingeniería Química Industrial. México D. F. (México)

María Josefina Lantieri. Bióloga. Córdoba (Argentina).

Lucía Inés Arroyo Castillo Especialista en Fonoaudiología. Bosques de Pomona (Colombia).

Dra. Clarisse Virginia Díaz Reissner. Cirujano Dentista. Investigadora y Docente de la Universidad del Pacífico Privada. Asunción (Paraguay) .

Patricia Tabacchi Bolívar. Licenciada en Biología. Lima (Perú).

Juan Manuel Ciudad Joya. Licenciado en Estadística. San Pedro Sula, Cortés (Honduras).

Paso N° 1

Revisa la literatura

Antes de pensar en construir un instrumento, deberás saber si ya existe un instrumento o teoría previa para la medición que pretendes realizar, la revisión de la literatura consiste en la revisión del conocimiento que se tiene —hasta este momento— del concepto que se desea medir. Se te va a presentar alguna de estas tres circunstancias:

— El concepto está plenamente definido.
— El concepto está parcialmente definido.
— El concepto no está definido.

Veamos un ejemplo en cada una de estas tres situaciones y lo que debemos hacer para construir un instrumento que tenga validez de contenido.

1. El concepto está plenamente definido:

Imagina que le estas enseñando a un grupo de niños las operaciones aritméticas y deseas evaluar el nivel de conocimientos que han alcanzado luego de un periodo de entrenamiento, lo que debes hacer es construir un conjunto de ejercicios, preguntas o ítems que contengan suma, resta, multiplicación y división. ¿Qué pasaría si el examen que les has planteado incluye únicamente suma, resta, multiplicación, pero no división? Entonces, el contenido del instrumento que acabas de construir no alcanza a cubrir el concepto de las operaciones algebraicas. No habrá validez de contenido.

Si las operaciones que has incluido en este examen son suma, resta, multiplicación, división y radicación, el contenido planteado se está saliendo del concepto y tampoco habrá validez de contenido. Como podrás deducir el único caso en el que podemos asegurar la validez de contenido es cuando el concepto está plenamente definido, así como las operaciones aritméticas suma, resta, multiplicación y división; nadie se opone a esta verdad.

Pero no siempre nos vamos a encontrar con una circunstancia tan fácil de definir. Por ejemplo, si queremos elaborar un examen para medir el nivel de conocimientos en anatomía humana en un grupo de estudiantes de medicina, deberemos elaborar preguntas sobre cabeza y cuello, tórax y abdomen, miembros superiores, miembros inferiores y pelvis periné.

Si bien en el ejemplo se han identificado las dimensiones del instrumento que queremos construir, no sabemos cuántas preguntas deberemos realizar por cada uno de estos segmentos anatómicos; así, podemos entender que para cubrir exactamente con el contenido, el concepto que se desea medir, debe existir teoría disponible.

2. El concepto está parcialmente definido:

Existen circunstancias en las cuales podemos encontrar teoría medianamente consistente sobre un concepto, pero no hay instrumentos y tampoco hay un consenso acerca del concepto que deseamos medir.

Este es el caso de un instrumento para evaluar la adicción a Internet, encontrarás que existen publicaciones al respecto, existen tentativas de definición, pero no existe una teoría sólida que avale el concepto. En este caso, nuestra tarea no puede enfocarse únicamente en revisar la literatura, sino que complementariamente se debe iniciar un proceso de exploración del concepto.

¿Cómo elegir el camino que debemos seguir para la exploración del concepto? Aquí es necesario tener conocimientos acerca del concepto por cuanto su medición amerita contar con un instrumento, lo que no ocurre cuando el concepto está plenamente definido.

Es decir, cualquiera puede elaborar un examen de aritmética para evaluar el conocimiento de las operaciones matemáticas para un grupo de niños; sin embargo, no cualquiera podrá elaborar un instrumento para evaluar la adicción a Internet. En este caso, la línea de investigación del investigador debe ser congruente con el instrumento que pretende construir.

El investigador es el primer experto dentro de esta temática, debe tener amplia experiencia en el desarrollo de estudios dentro de esta línea de investigación, aun así se apoyará en el conocimiento publicado hasta este momento y en el conocimiento que han acumulado investigadores que pertenecen a la misma línea de investigación, para poder obtener un concepto de consenso.

3. Cuando el concepto no está definido:

Cuando no existen teorías, no hay publicaciones al respecto ni tampoco existen investigadores dentro de la línea de investigación donde se pretende construir el instrumento, el investigador tendrá que considerar la pertinencia de acuerdo a su experiencia de enunciar su propia teoría, tendrá que definir el concepto para poder construir su instrumento.

Como es lógico en este punto, donde el concepto no está definido, se requiere que el investigador sea el experto número uno en este tema, por cuanto es el único que pertenece a esta línea de investigación.

En este tercer caso hay solamente un camino para seguir, porque no existe teoría y no podemos hacer una revisión del conocimiento disponible, tampoco existen investigadores dentro de la línea de investigación, pero de seguro habrán personas que no siendo investigadores pueden ser incluidos como expertos y, por tanto, como única fuente de información para la elaboración del instrumento.

Por ejemplo, si queremos conocer cuáles son las costumbres que tienen las mujeres a la hora del parto en una región alto andina en el sur del Perú con la finalidad de poder realizar una atención intercultural, no existe ninguna publicación acerca de este tema o luego de la búsqueda exhaustiva de la literatura encontramos que no hay ningún investigador que haya publicado al respecto.

Por lo tanto, al no contar con literatura o investigadores que compartan la misma línea de investigación, tendremos que recurrir a personas que no siendo investigadores pueden ser considerados expertos.

En este punto es preciso diferenciar claramente el concepto de experto y el concepto de jueces, puesto que se ha se difundido erróneamente que la validación por expertos es sinónimo de la validación por jueces. Un experto es una persona con mucha experiencia en un determinado campo, no necesariamente es investigador científico. Un juez es una persona con criterio científico, habitualmente se trata de un investigador.

Por ejemplo, las mujeres que empíricamente ayudan a las gestantes a atender su parto, a las que llamamos "parteras" en nuestra región, se les considera como expertas, ellas no son investigadoras ni cuentan con una línea de investigación, pero de seguro cuentan con la información que necesitamos para poder construir un instrumento que busque identificar las costumbres que tienen estas mujeres a la hora del parto.

Los expertos nos pueden ayudar a explorar el concepto, pero esto ya corresponde al siguiente punto de nuestra lista de diez pasos, porque la estrategia del investigador dependerá —luego de haber revisado la literatura— de saber en cuál de estas tres situaciones nos encontramos primero.

Paso N°2

Explora el concepto

Este procedimiento lo realizamos únicamente si nos encontramos en las dos últimas situaciones: cuando el concepto está parcialmente definido o cuando el concepto aún no está definido, porque si encontramos que el concepto está plenamente definido, entonces, construir un instrumento cuyo contenido alcance el constructo no tiene ninguna dificultad.

Como lo habíamos mencionado, cualquiera puede elaborar un examen de aritmética que involucre suma, resta, multiplicación y división a fin de evaluar el nivel de conocimientos en un grupo de niños previamente entrenados.

Sin embargo, en las otras dos circunstancias, cuando el concepto está parcialmente definido o cuando el concepto no está definido, debemos explorar el concepto y esta tarea se realiza mediante una aproximación a la población, para lo cual utilizaremos la herramienta denominada entrevista a profundidad. ¿Qué es una entrevista a profundidad? Y ¿a quién o a quiénes debemos realizarla?

En este momento debemos anunciar que **existen dos niveles de exploración**: a nivel de la población y a nivel de expertos. La exploración **a nivel de la población** es cuando entrevistamos a los sujetos que más adelante serán objetos de evaluación; y la exploración **a nivel de expertos** es cuando entrevistamos a personas que no siendo investigadores conocen más que nosotros acerca del tema que deseamos medir.

En nuestro ejemplo acerca de las costumbres que tienen a la hora del parto las mujeres de una región alto andina en el sur del Perú, la población de estudio son las mujeres gestantes porque de ellas queremos conocer sus costumbres, son ellas las que expresan su culturalidad a la hora del parto y son a ellas a quienes más adelante les vamos a brindar una atención intercultural, ellas corresponden a nuestras unidades de estudio.

Pero también tenemos a las parteras, mujeres que empíricamente ayudan a atender el parto a aquellas gestantes que no acuden al hospital. Ellas tienen un largo recorrido atendiendo el parto a estas mujeres, conocen, incluso mejor que las propias gestantes, las costumbres a la hora del parto; pero estas parteras no constituyen el objeto de estudio, por lo tanto, no corresponden a las unidades de estudio, son expertas en cuanto a las costumbres regionales, y aun no siendo investigadores nos ayudarán en la construcción del instrumento.

Identificadas las dos instancias o niveles en los que podemos realizar nuestra entrevista a profundidad, ahora veremos en qué consiste.

Una **entrevista a profundidad** es una conversación, donde el entrevistador estimula y conduce un discurso continuo, cuyo único marco es el de la investigación, y se hace con una sola pregunta. Nos dirigimos a las parteras y les preguntamos ¿cuáles son las costumbres que tienen a la hora del parto las mujeres de esta región?, y a medida de que vayan surgiendo las respuestas del entrevistado iremos formulando interrogantes adicionales; aquí no hay un libreto, es una **entrevista no estructurada**, no tenemos un listado de preguntas que vamos a realizar. Solamente tenemos una pregunta.

El contenido y la profundidad de la entrevista no estructurada es adaptable y susceptible de aplicarse a toda clase de sujetos, incluso si no tienen una formación académica o escolar, perfectamente se puede aplicar en situaciones diversas, se trata de una entrevista netamente cualitativa y es holística porque busca explorar y descubrir las características en la persona entrevistada de manera amplia.

No hay reglas, el objetivo es identificar las percepciones personales que tienen a nivel individual cada uno de los evaluados. No clasifica, no tiene interés en tabular los datos, lo único que se busca con este procedimiento es encontrar el mayor número de características que nos puedan emitir y enunciar las personas entrevistadas.

Los únicos limites que le ponemos a esta conversación son los propios de la investigación, y el discurso debe correr entre estos causes, no hay otra forma de explorar el concepto, incluso es posible que las personas a quienes estemos entrevistando no tengan formación académica, no conozcan la terminología técnica que a veces utilizamos y, por ello, tendremos que adaptarnos a su propio lenguaje.

De algún modo debemos traducirles lo que nosotros queremos conocer, no hay otra forma de conocer estos hechos; para lograr el éxito de la entrevista abierta debemos saber con antelación cuál es la finalidad de la entrevista. En nuestro ejemplo, conocer las costumbres a la hora del parto que tienen las mujeres de esta región.

También debemos contar con una forma de registro del diálogo, idealmente este registro debe ser en formato de audio, porque introducir un tablero, una hoja donde vamos a escribir las características que nos van mencionando los entrevistados, puede perturbar la conversación y el dialogo con estas personas.

En esta parte no hay que preocuparse por no contar con un instrumento, porque precisamente estamos tratando de elaborar uno. Como nuestra necesidad es construir un instrumento, los resultados que obtengamos de esta entrevista no tienen posibilidad de ser generalizados, no son inferenciales, no tienen el carácter universal, la única finalidad que tienen es el de la exploración.

Todas estas características hacen pensar que la entrevista a profundidad es más arte que ciencia y no estamos equivocados al pensar así, porque no cualquiera puede entrevistar con eficiencia a un grupo de mujeres que no tienen la misma formación académica o profesional que el investigador.

El éxito de la entrevista también depende de la empatía que se produce entre el entrevistador y el entrevistado para obtener la mayor cantidad de información posible en este procedimiento; por lo tanto, algunos investigadores tendrán más éxito que otros a la hora de explorar conceptos mediante la aproximación a la población e indudablemente el investigador también tiene que ser considerado un experto dentro de este tema, pues es el portador de esta línea de investigación, es el que está iniciando el estudio de un nuevo tema.

Entonces, la exploración del concepto que deseamos medir se desarrolla en dos situaciones: el primer caso es cuando el concepto está parcialmente definido, los resultados de la entrevista complementan la información que hemos encontrado mediante la revisión de la literatura.

El segundo caso es cuando el concepto aún no está definido, la exploración del concepto es el único medio para proveernos de información vital que nos permitirá, a partir de ese momento, construir el instrumento que deseamos elaborar. La exploración del concepto se realiza mediante la técnica de recolección de datos denominada entrevista de investigación, específicamente entrevista a profundidad.

Paso N° 3

Enlista los temas

Durante la entrevista a profundidad, hemos ido anotando palabras clave que pueden ayudarnos a definir el concepto, de hecho pudimos haber grabado la entrevista en audio para posteriormente ubicar en el discurso las palabras clave que necesitamos. En nuestro ejemplo del estudio denominado costumbres que tienen a la hora del parto las mujeres de una región alto andina en el sur de Perú, debemos anotar las palabras claves que corresponden a las costumbres que fueron emitiendo las parteras.

A fin de no perturbar la conversación natural que tenemos con las entrevistadas podemos grabar en audio todo el discurso y, luego, procedemos a la revisión de este archivo digital para ubicar cuáles son estas costumbres y las iremos enlistando de una en una. Para este momento ya necesitamos una hoja de trabajo, donde iremos anotando a manera de palabras clave cada una de estas costumbres sin ningún tipo de orden, en la medida en que vayan apareciendo en el registro fonográfico, según sean pronunciadas por las mujeres a las cuales hemos entrevistado.

Para hacer este listado no hay ningún tipo de criterio, no hay ninguna condición especial, incluso si muchas de ellas están repetidas deberemos también anotarlas repetidamente. Las respuestas que las mujeres nos han mencionado serán registradas en un número igual a 5 veces el número de ítems que queremos que tenga nuestro instrumento final.

Para citar un ejemplo estándar, si queremos construir un instrumento que al final tenga 20 ítems o enunciados, debemos reunir mediante este procedimiento de enlistar los temas unas 100 palabras clave que obtendremos del discurso de las entrevistas. Este proceso de completar las 100 respuestas no es difícil si tenemos en cuenta que vamos a anotar todas las costumbres que estas mujeres nos hayan mencionado, incluso si se encuentran repetidas.

En caso de no lograr completar nuestras 100 respuestas; entonces, deberemos seguir haciendo entrevistas a profundidad a más expertos o expertas, deberemos seguir incrementando el número de palabras clave correspondientes a costumbres, incluso si en nuestras siguientes entrevistas las respuestas son repeticiones que ya hemos obtenido en nuestro primer grupo de entrevistadas.

Este procedimiento se realiza cuando exploramos un concepto en cualquier campo del conocimiento. Por ejemplo, si deseas saber cuáles son las razones que enuncian o emiten los pacientes para abandonar el tratamiento, debemos realizar una entrevista a profundidad con las características que hemos señalado hasta este momento.

No es el momento de cuestionar si lo que ellos nos refieren es verdad o no, poco importa si los entrevistados están mintiendo, no vamos a emitir un juicio de valor acerca de las respuestas que los entrevistados nos proveen; esta parte consiste únicamente en hacer una lista.

Más adelante realizaremos procedimientos específicos para saber si las palabras clave que conformarán nuestros ítems son adecuadas, pertinentes, suficientes, reales, o son inventadas por las personas a quienes hemos entrevistado.

La tarea de esta primera parte consiste únicamente en hacer una lista. Si al final nos queremos quedar con 20 ítems, la lista deberá estar conformada por un número 5 veces mayor, es decir, 100.

A continuación debemos agrupar los conceptos, una vez que hemos conseguido nuestro listado de palabras clave a partir de las entrevistas realizadas, resumiremos el número de temas, muchos de ellos estarán repetidos y muchas respuestas serán coincidentes entre las personas que hemos entrevistado.

Muchas respuestas, aunque no tengan necesariamente las mismas palabras clave, pueden ir agrupándose en conceptos únicos de acuerdo a la experiencia del investigador. Recordemos que el investigador es un experto dentro de su línea de investigación y tiene la capacidad de generar nuevos conceptos.

El objetivo de esta segunda parte es reducir numéricamente los ítems o palabras clave hasta un total del 50% del número inicial, por lo tanto, si nuestro listado inicial constaba de 100 palabras clave, nuestro listado final deberá tener únicamente 50.

Es posible que muchos conceptos incluso dentro de este listado ya resumido también se encuentren repetidos, pero debemos evitar que el número de ítems se reduzca más allá del 50%, para evitar esta situación deberemos utilizar las propias palabras que han emitido los entrevistados.

Más adelante, realizaremos procedimientos metodológicos y estadísticos para detectar si realmente dos frases que aparentemente dicen lo mismo se reúnen en una sola palabra clave; hay que tener cuidado de reunir dos respuestas en una sola idea solamente bajo nuestra propia percepción, sobre todo cuando somos los únicos involucrados dentro de la línea de investigación.

A continuación, veamos algunos ejemplos de frases o de temas que emiten los entrevistados que no deben ser agrupados: supongamos que estamos elaborando un instrumento para detectar la falta de adherencia terapéutica en un grupo de pacientes, la inasistencia al control que se les indica luego de haberles realizado algún procedimiento.

A la pregunta: ¿Por qué Ud. no regresó al control médico indicado? Algunos dirán: el día en que me programaron la cita no tuve tiempo para acudir al control, y otros mencionarán que el día que les tocaba el control tenían que trabajar.

Aparentemente estas dos respuestas se tratan de lo mismo porque si el paciente tenía que trabajar, entonces, no tenía tiempo para acudir a su consulta; sin embargo, la respuesta "no tuve tiemp" es mucho más amplia que la respuesta "tenía que trabajar", por cuanto las personas que no tienen tiempo, puede ser porque tienen que trabajar, celebrar su cumpleaños, porque tienen que recoger a sus hijos del colegio o porque estaban tomando clases de conducir.

Por lo tanto, "no tengo tiempo" y "tengo que trabajar" no son necesariamente el mismo concepto, por supuesto, debemos evitar tener respuestas tan amplias como "tengo que trabajar", precisamente de eso se encarga la entrevista a profundidad, de desglosar este tipo de respuestas a fin de detectar a qué se refieren los pacientes cuando emiten una respuesta tan genérica como esta.

Entonces, es en este tercer paso donde debemos enlistar los temas. Si bien hay que reducir el número de respuestas, no hay que reducirlas tanto; lo ideal es reducirlas al 50% del listado original, si inicialmente habíamos realizado un lista de 100 palabras clave, al finalizar este paso deberemos quedarnos con 50.

Paso N° 4

Formula los ítems

Un ítem o reactivo es un enunciado u oración que escribimos en forma interrogativa o afirmativa y que constituye el cuerpo fundamental del instrumento que pretendemos construir.

¿Y con qué temas o tópicos vamos a formular estos ítems? Lo haremos con el listado de respuestas resumidas o sintetizadas que habíamos obtenido en el paso anterior. Recordemos que habíamos realizado una entrevista a profundidad sobre las mujeres que atienden el parto de manera empírica y habíamos hecho un listado de 100 respuestas que al final tuvimos que resumir agrupando conceptos hasta un total del 50%, es decir, 50 temas.

Bien, con estos 50 tópicos o temas formularemos los ítems. La finalidad de hacer esto es corroborar si realmente existen estas características que hemos enlistado.

En nuestro ejemplo de las costumbres que tienen a la hora del parto las mujeres de una región alto andina del sur del Perú, identificamos a dos grupos sobre los cuales podíamos realizar una entrevista.

El primer grupo está constituido por las mujeres que atienden el parto de manera empírica llamadas parteras, y que no siendo investigadoras ni teniendo una línea de investigación se pueden considerar expertas en este tema, no solamente porque forman parte de esta población, sino porque son ellas las que atienden el parto; y el segundo grupo está conformado por las mujeres gestantes que pertenecen a esta región, es decir, por las unidades de estudio.

Hicimos una entrevista a profundidad sobre las mujeres que atienden el parto de manera empírica y ahora contamos con un listado de 50 temas o tópicos que vamos a buscar, corroborar, sobre la población objetivo, sobre las mujeres gestantes, sobre las unidades de estudio, porque cuando terminemos de construir el instrumento, este se aplicará directamente a las gestantes, porque ellas son el objeto de estudio en nuestra línea de investigación

Esta vez vamos a realizar una **entrevista enfocada** sobre este segundo grupo de mujeres. Una entrevista enfocada se concentra sobre un conjunto de tópicos o temas muy específicos que habíamos definido en el paso anterior, el investigador conoce este listado de tópicos o temas porque él es quien ha realizado la entrevista a profundidad a las mujeres que atienden el parto de manera empírica, de tal forma que ya conoce los elementos que conforman el concepto y ahora se busca sistemáticamente en la población objetivo si existen o no estas costumbres.

No tenemos un instrumento estructurado porque existe la libertad de formular las preguntas según las características de la población sobre la cual nos dirigimos; si bien contamos con un listado de tópicos o de temas que debemos abarcar a fin de no omitir aspectos importantes, este listado no puede considerarse un instrumento; el investigador puede modificar la forma y el orden de las preguntas según el sujeto entrevistado y las circunstancias de la entrevista.

Es en este momento donde debemos definir si el tópico o concepto obtenido anteriormente existe o no en la población objetivo; durante este proceso es posible escindir algún tópico o tema según la necesidad de ampliar sobre alguno de estos conceptos de manera que algún tema podría finalmente convertirse en dos o tres ítems en este recorrido.

También podemos fusionar conceptos, y es que el listado de temas con el que contamos inicialmente no es rígido, por eso decimos que se trata de una **entrevista no estructurada**.

Luego de haber dividido algunos conceptos y también haber fusionado otros, vamos a formular nuestro cuestionario o nuestra escala según el instrumento que estemos construyendo y, esta vez, le vamos a formular alternativas; vamos a crear, si se trata de un cuestionario, un listado de posibles respuestas; y si se trata de una escala, sus alternativas tendrán un carácter ordinal.

Es en este punto donde definiremos si lo que vamos a construir es un cuestionario o una escala, dependiendo de la naturaleza del concepto que deseamos evaluar. Si lo que queremos evaluar es el nivel de conocimientos, un cuestionario es el instrumento más adecuado, pero si lo que queremos evaluar son las actitudes, conductas u opiniones, una escala será el instrumento más adecuado.

Es importante recordar que un cuestionario puede significar un paso intermedio para la construcción de una escala; en nuestro ejemplo de las costumbres que tienen a la hora del parto las mujeres de una región alto andina en el sur del Perú, un cuestionario nos ayudará a identificar cuáles son estas costumbres, mientras que una escala nos permitirá conocer cuál es la frecuencia con la que se presentan estas conductas.

Si estamos construyendo un cuestionario con preguntas cerradas, debe haber solamente una alternativa que se considere correcta y todos los ítems deben tener el mismo número de alternativas; este número, por cuestiones probabilísticas, debe ser de entre cuatro o cinco alternativas y en ningún caso debe existir la alternativa todas-las-anteriores o ninguna-de-las anteriores.

Tampoco deben existir alternativas que combinan a otras alternativas, por ejemplo, marcar la alternativa D cuando A y B son correctas o cuando A es correcta y C no es correcta, este tipo de alternativas son aberraciones en los cuestionarios y no deben existir, pues si se trata de un cuestionario para evaluar conocimientos, eso es precisamente lo que queremos evaluar, y no se trata de un examen de lógica.

Si lo que estás construyendo es una escala, las alternativas deben estar graduadas. Por ejemplo, a la pregunta ¿crees que los espectáculos taurinos, las corridas de toros, son eventos culturales?, las alternativas son completamente de acuerdo, de acuerdo, indiferente, en desacuerdo y completamente en desacuerdo; por supuesto, no necesariamente con estas palabras sino que se pueden formular alternativas con distinta terminología, pero que equivalgan al ejemplo que acabamos de señalar.

En conclusión, este cuarto paso termina cuando hemos formulado los ítems y también hemos formulado las alternativas o posibles respuestas que debe tener nuestro futuro instrumento.

Paso N° 5

Selecciona los jueces

En primer lugar, vamos a diferenciar el concepto de juez y de experto, porque son dos términos que en muchas ocasiones se consideran como sinónimos y no necesariamente lo son.

En nuestro ejemplo de las costumbres que tienen a la hora del parto las mujeres de una región alto andina en el sur del Perú, un experto es una mujer que atiende el parto de manera empírica y, por lo tanto, conoce la realidad y costumbres de esta región a la hora del parto, pero ellas no son investigadoras, no cuentan con una línea de investigación, y en el caso de ser investigadoras, de seguro que esta sería su línea de investigación porque conocen sobre el tema mejor que ninguno.

Por otro lado, un juez, dentro del tema de la validación de instrumentos, es una persona que nos ayuda a evaluar los ítems que hemos formulado y si bien son investigadores, su línea de investigación no necesariamente es la misma que la nuestra, de manera que no necesariamente son expertos en el tema que estamos investigando.

Si solicitamos a una persona que conoce sobre validación de instrumentos, tanto desde el punto de vista cuantitativo como cualitativo, que nos ayude a evaluar si los ítems que hemos redactado son correctos, esta persona es un especialista en evaluar cuestionarios, pero no es un experto en el tema de las costumbres que tienen a la hora del parto las mujeres; por lo tanto, este profesional nos podrá servir como juez pero no como experto.

Por otro lado, tenemos a las mujeres que atienden el parto de manera empírica; ellas conocen bastante sobre el tema y pueden ser consideradas expertas, pero en ningún caso nos podrán ayudar en la evaluación de la idoneidad de los ítems que estamos construyendo.

Notemos que el concepto de experto es distinto al concepto de juez, aunque habrá algún caso en el que un juez también pueda ser un experto y viceversa, aclarada la diferencia entre experto y juez, y luego de haber usado la experiencia de los expertos, ahora vamos a hacer uso del juicio de los jueces.

En este punto tenemos ya un listado de aproximadamente 50 preguntas con sus respectivas respuestas, pero esto todavía no puede ser considerado un instrumento, porque lo vamos a someter a la evaluación por jueces, por lo tanto, el primer punto es hacer una selección adecuada de jueces. Para ello recordemos que el investigador es tanto un experto como un juez dentro de su línea de investigación y su experiencia es pertinente al momento de elegir los jueces.

Convencionalmente se eligen jueces en un numero de cinco, y estos, en lo posible, deben ser multidisciplinarios, es decir, deben pertenecer a distintos campos del conocimiento a fin de evitar percepciones sesgadas y opiniones subjetivas acerca del tema o concepto que estamos evaluando.

La tarea de los jueces es evaluar los ítems que ya hemos construido, ellos de ninguna manera nos ayudan en la construcción de los ítems, porque no necesariamente son expertos y si lo fueran ya habríamos hecho uso de su experiencia en el paso anterior, que era cuando enlistábamos los temas.

Ahora, su función es únicamente ser juez, y ellos van a revisar nuestros ítems en función a la suficiencia, pertinencia y claridad con la que estén redactados.

Veamos el concepto de la suficiencia. Si hemos desarrollado un cuestionario para evaluar los conocimientos sobre las operaciones aritméticas en un grupo de niños, debemos plantear preguntas sobre suma, resta, multiplicación y división. En el caso de que hayamos revisado preguntas únicamente sobre suma, resta, multiplicación y no división, entonces, no estamos siendo suficientes, porque existe una operación matemática que no estamos incluyendo.

Claro que es fácil darse cuenta en el ejemplo señalado que falta la división, sin embargo, en nuestro ejemplo de la evaluación de la adicción a

Internet, es difícil darse cuenta cuál es el ítem que no estamos incluyendo o cuál es el concepto que está faltando en este prototipo de instrumento que hemos construido. La tarea del juez es decirnos si falta cubrir algún concepto, si los ítems que hemos redactado son suficientes con el tema que estamos buscando evaluar.

Veamos ahora la pertinencia. En nuestro ejemplo del examen de matemáticas a un grupo de niños para evaluar sus conocimientos sobre operaciones algebraicas incluimos suma, resta, multiplicación y división; si le agregamos una pregunta sobre radicación, esta no es pertinente y en nuestro ejemplo es fácil darse cuenta que la radicación no pertenece a las operaciones algebraicas.

Sin embargo, esto no es tan fácil de lograr en todos los casos, como en el ejemplo de la construcción de un instrumento para evaluar la adicción a Internet, en este caso, es más difícil darse cuenta de que si una pregunta que hemos incluido en nuestro cuestionario realmente corresponde al tema que estamos tratando de evaluar. La tarea del juez es decirnos si es pertinente o no incluir el ítem que le estamos planteando.

Ahora, veamos el concepto de claridad. Si queremos evaluar el nivel de conocimientos que tienen un conjunto de estudiantes de medicina sobre los signos de alarma que presentan las gestantes o que podrían presentar las mujeres durante su gestación, podemos utilizar terminología técnica, podemos utilizar términos médicos.

Pero si queremos evaluar el nivel de conocimientos que tienen sobre los signos de alarma en las propias gestantes, es evidente que no podemos utilizar terminología técnica, no podemos hacer uso de los términos médicos como si nos estuviéramos comunicando únicamente entre profesionales médicos.

La terminología debe estar apuntando a la población a la cual quiere evaluar, en ese sentido, los ítems deben estar redactados con la claridad respectiva, relacionada al nivel de conocimientos que tiene la población objetivo.

La finalidad del procedimiento de la evaluación por jueces es que podamos seguir reduciendo el número de ítems. Si hemos partido con un numero de 50, planteamos reducir en un 20% el número de ítems, de manera que nos quedaremos únicamente con 40.

La evaluación que hacemos sobre los ítems, con la ayuda de los jueces, es netamente cualitativa, no existen procedimientos matemáticos, no hay fórmulas ni algoritmos para decidir con que ítems nos quedamos. Son los jueces los que sugieren la idoneidad de los ítems sin capacidad de decisión.

Es decisión final del investigador cuál de los ítems debe ser eliminado o cuáles deben ser eliminados, recordemos que el investigador, el autor del cuestionario que se está construyendo, además de experto es un juez y un especialista dentro de su línea de investigación.

Paso n° 6

Aplica la prueba piloto

En este momento, recién podemos decir que hemos creado el instrumento y, por lo tanto, el instrumento elaborado de esta manera tiene **validez de contenido**, pero aún no hemos evaluado ninguna de sus propiedades métricas.

Hasta este momento no hemos hecho uso de la estadística para corroborar la idoneidad del instrumento que estamos evaluando, por lo tanto, en este punto iniciamos la fase cuantitativa de la validación de instrumentos y corresponde a la evaluación de sus propiedades métricas.

Tampoco hemos hecho uso o aplicación del instrumento sobre la población objetivo, precisamente porque acabamos de construirlo y vamos a construir nuestro instrumento con los 40 ítems con los que nos habíamos quedado en el procedimiento anterior, recordemos que estos ítems han pasado por el filtro de los especialistas o jueces.

Ahora, vamos a formular los ítems pero en dos sentidos, la mitad de ellos deben ser favorables y la otra mitad desfavorables, podríamos decir veinte conceptos a favor y veinte conceptos en contra, pero ¿qué es un concepto favorable y qué es un concepto desfavorable?, veamos un ejemplo en cada caso.

Concepto favorable, vamos a suponer que estamos evaluando la adicción a Internet. Un concepto favorable sería: gracias a Internet es que he conseguido más amigos o gracias a las horas que paso conectado a Internet he podido conseguir socios estratégicos o gracias a que me conecto mucho tiempo a Internet he logrado potenciar mis negocios, estos son tres ejemplos de conceptos favorables.

Si las alternativas son "completamente de acuerdo", "de acuerdo", "indiferente", "en desacuerdo" y "completamente en desacuerdo", el resultado o alternativa "completamente de acuerdo" debe recibir la calificación de cinco puntos, la alternativa "de acuerdo" debe recibir cuatro puntos; "indiferente", tres puntos; "en desacuerdo", dos puntos, y "completamente en desacuerdo", un punto. De manera que mientras más puntaje obtenga el evaluado mediante esta escala su situación será más favorable.

Ahora, veamos algunos ejemplos de **concepto desfavorable**: debido al número de horas que paso en Internet es que he desaprobado dos cursos en mis estudios; debido al número de horas prolongadas que me conecto a Internet es que ahora tengo disfunciones del sueño; debido a que me gusta aprovechar las ofertas de productos online que encuentro en Internet es que ahora tengo problemas económicos. Estos tres ejemplos corresponden a conceptos desfavorables.

Entonces, la puntuación de sus alternativas debe estar en sentido inverso al de un concepto favorable de la siguiente manera: "completamente de acuerdo", un punto; "de acuerdo", dos puntos; "indiferente", tres puntos; "en desacuerdo", cuatro puntos; y "completamente en desacuerdo", cinco puntos. Notemos que la puntuación está en el sentido inverso al de un concepto favorable.

Si vamos a redactar 40 ítems o reactivos, la mitad de ellos, es decir, 20 deben estar redactados en sentido favorable y el otro 50%, los otros 20, deben estar redactados en sentido desfavorable.

El orden en el que se deben plantear estos conceptos favorables y desfavorables debe ser aleatorio, de hecho, hasta este punto no existe ningún orden entre los ítems que hemos construido, podemos aleatorizar completamente todo el listado de preguntas que hemos construido y es de esta forma en la que debemos presentarla a la población objetivo.

Esta es la primera vez que le vamos a presentar el instrumento recién construido a la población que será objeto de evaluación, a la población a la cual le queremos evaluar el concepto que estamos pretendiendo medir; precisamente por ello se denomina prueba piloto porque es la primera vez que lo aplicamos a la población.

Ahora, ¿por qué debemos redactar conceptos favorables y desfavorables? Porque si todos los conceptos estarían redactados en un solo sentido, es posible que el evaluado, el entrevistado, pueda detectar la tendencia o el orden en la que han sido redactados estos conceptos y marcar tendenciosamente las alternativas, por ejemplo, para obtener una ganancia secundaria como ocurriría en una evaluación para un ascenso laboral o para obtener algún tipo de reconocimiento.

Por esta razón, debe haber conceptos favorables y desfavorables a fin de evitar que el evaluado detecte la orientación de los ítems que acabamos de construir, además, el orden de los conceptos favorables y desfavorables debe ser aleatorio precisamente por esta misma razón.

Si bien los resultados de todo instrumento de medición deben arrojar resultados independientemente de la persona que los aplique, en la aplicación de la prueba piloto se requiere de la participación del investigador que está construyendo el instrumento, por cuanto aún no está completamente validado. Veamos la razón por la que es el propio investigador quien debe aplicar la prueba piloto.

Una de las funciones de la prueba piloto es volver a **evaluar la claridad** con la que están redactados los ítems, si bien los jueces nos han ayudado a evaluar esta característica, ellos no son la población objetivo, de manera que la aplicación de la prueba piloto debe contar con la presencia de la persona que creó el instrumento, con la finalidad de aclarar los conceptos redactados en él y que la población objetivo no entiende.

Si estamos evaluando el nivel de conocimientos que tienen las mujeres gestantes respecto de los signos de alarma, es posible que por el nivel cultural o nivel de instrucción que tiene la población objetivo sea necesario aclarar y volver a redactar muchos de los conceptos escritos en nuestro instrumento a fin de que puedan adaptarse al conocimiento y al entendimiento de la población objetivo.

Recordemos que la finalidad de construir un instrumento es que podamos utilizarlo en la técnica de recolección de datos llamada encuesta, donde el instrumento tiene la capacidad de explicarse por sí solo y que en su aplicación final no requiere de la presencia del investigador o de la persona que creó el instrumento.

Por esta razón, en esta fase de la aplicación de la prueba piloto debemos asegurarnos, debemos cerciorarnos de que la población a la cual se le va a aplicar este instrumento entiende claramente cada uno de los conceptos que estamos escribiendo en los ítems que constituyen el instrumento; por eso, en esta primera fase sí es necesario que el investigador, el creador del instrumento, sea quien aplique la prueba piloto.

Paso N° 7

Evalúa la consistencia

Para definir de una manera sencilla la validez de un instrumento, vamos a decir que existe una validez hacia adentro y una validez hacia afuera. La validez hacia adentro es la validez interna y la validez hacia afuera es la validez de criterio.

En este punto, vamos a hablar de la validez hacia adentro denominada también consistencia interna. Veamos ahora los procedimientos que tenemos que seguir para evaluar la consistencia interna.

En primer lugar, tenemos que obtener una calificación global de cada uno de los individuos evaluados mediante la prueba piloto, teniendo en cuenta que algunos ítems son favorables y otros desfavorables y que, por tanto, la puntuación para los ítems favorables serán 5, 4, 3, 2, 1 y para los ítems desfavorables serán 1, 2, 3, 4, 5, es decir, de manera invertida.

Si tenemos en cuenta la direccionalidad de los ítems, la sumatoria total para cada uno de los individuos representa un índice de aprobación. Si estamos evaluando la actitud de un grupo de individuos frente a una determinada situación, los mayores puntajes en la suma total indicarán mejores actitudes, y los menores puntajes, peores actitudes.

Si lo que estamos evaluando es la opinión que tienen los individuos frente a un determinado tema, los puntajes más altos indican que hay una opinión positiva y los puntajes menores indican que hay una opinión negativa.

Esta interpretación se hace en función al puntaje total que obtiene cada individuo en particular, considerando que hay algunos ítems positivos y otros negativos y que tienen que ser calificados teniendo en cuenta esta direccionalidad.

Si esto es así, el puntaje alto que se observen en cada uno de los ítems se debe observar también en la suma total, quiere decir que quien puntúa alto en la suma total, también puntúa alto en cada uno de sus ítems y esto lo podemos evaluar estadísticamente mediante un índice de correlación. De hecho, debe existir correlación positiva entre cada ítem y la suma total, solo así nos encontramos frente a un ítem consistente.

La actitud natural del investigador, entonces, será hacer una correlación del puntaje que obtiene el conjunto de individuos para el ítem 1 con el puntaje que obtienen en la suma total; luego realizar la correlación del puntaje que obtienen para el ítem 2 con el puntaje total y así para cada uno de los ítems.

Mientras más altos sean estos índices de correlación, mejor representados estarán en la suma total, quiere decir que tienen una participación importante en el resultado final o en la suma global del puntaje del instrumento. A esto se le denomina consistencia.

Si hemos considerado la direccionalidad de cada uno de los ítems al momento de hacer la sumatoria, todas estas correlaciones deben ser positivas; y si recordamos que el índice de correlación "r" de Pearson varía entre 0 y 1, mientras más alto sea este valor, mayor correlación habrá entre el ítem y el total; valores superiores a 0,8 nos indican buena participación de este ítem en el resultado total.

A este procedimiento de correlacionar todos los ítems con la suma total se le denomina **correlación ítem-total**. Ahora, para que exista una buena correlación entre cada uno de los ítems con la suma total, la condición es que debe haber buena dispersión en sus resultados tanto en cada ítem como en la suma total.

Como la dispersión o variabilidad se mide en términos de varianza, entonces, debe haber valores altos de varianza en cada uno de los ítems y también en el puntaje total.

Si esto es así, encontraremos altos valores de correlación en caso de que estos existan; por esta razón, una forma de evaluar en forma global la correlación de todos los ítems con el puntaje total es mediante la varianza de los ítems, porque no solamente los puntajes altos en cada ítem deben expresarse en los puntajes altos del total, sino también las altas varianzas en cada ítem deben expresarse en la varianza del total.

Si uno de los ítems no tiene variabilidad y todos los individuos evaluados en una escala de cinco alternativas han marcado la opción indiferente, es decir, la opción del medio, entonces, este ítem no tiene variabilidad, y al no tener variabilidad, no puede haber correlación con la suma total; por esta razón, los ítems no solamente deben tener buenas correlaciones con la suma total, sino también deben tener amplia varianza y esta variabilidad debe expresarse en la variabilidad total.

Entonces, si bien podemos explorar la correlación de cada uno de los ítems respecto del total, para evaluar la idoneidad de estos ítems según lo cual se quedan o no se quedan en el instrumento —porque estamos tratando de reducir los ítems hasta un numero de 20— debemos tener en cuenta este índice de correlación.

Una vez que hayamos definido que todos los ítems que estamos considerando tienen buena correlación con el total, tenemos que tener un valor global de la consistencia interna, este lo podemos obtener mediante el cálculo del **Alfa de Cronbach**, índice de consistencia interna para instrumentos cuyo valor final es una variable ordinal.

Pero si el instrumento que estamos construyendo tiene como valor final una variable categórica dicotómica —como ocurre con los cuestionarios para medir conocimiento donde solamente hay una alternativa correcta y en caso de no acertar a esta alternativa, el resultado de esta pregunta es incorrecto—, entonces, utilizamos el índice de consistencia interna Kuder–

Richardson llamado también KR-20.

El Alfa de Cronbach es para las escalas y el Kuder–Richardson es para los cuestionarios, ambos índices varían entre 0 y 1, los valores más altos de estos índices indican buena consistencia interna o validez hacia adentro, porque existen concordancia entre el resultado final con el resultado en cada uno de sus ítems.

Esto es consistencia, llamado por algunos coherencia, esto es que los puntajes de cada ítem realmente están siendo representados en el total.

En el caso en el que obtengamos un índice de consistencia interna por debajo de 0,8 donde incluso cada uno de los ítems tienen correlación con el total del instrumento, debemos identificar los ítems que tienen menor grado de correlación y al eliminar estos ítems, de seguro nuestro índice de consistencia interna aumentará.

Por esta razón, una buena estrategia, aunque no es la única, es comenzar siempre con un número mayor de ítems para ir reduciendo este número en el camino a medida que vamos evaluando sus propiedades métricas.

Paso N° 8

Reduce los ítems

La reducción del número de ítems se realiza mediante procedimientos netamente matemáticos, recordemos que hasta este momento hemos aplicado en una sola ocasión el instrumento en la población y esto corresponde a la aplicación de la prueba piloto, la misma que había iniciado con la construcción de un instrumento con 20 conceptos favorables y 20 conceptos desfavorables, constituyendo un total de 40 conceptos.

Si seguimos con esta secuencia, en esta fase de la reducción de los ítems, vamos a eliminar 10 ítems más, de tal modo que nos quedemos únicamente con 30. Ahora bien, ¿qué criterios utilizamos para eliminar 10 de los 40 ítems que tenemos hasta este momento?

El criterio es muy sencillo, vamos a ordenar todos los ítems según el índice de correlación que guardan con el resultado total de mayor a menor, de tal modo que los últimos 10 ítems tienen la menor magnitud de correlación con el puntaje total, estos ítems son los que deben ser eliminados.

La razón es muy simple porque son los que expresan menor correlación con el puntaje total o porque la variabilidad que exhiben no es lo suficientemente amplia para expresar el grado de correlación con el puntaje total; quizá porque sean ítems ambiguos y no pueden detectar la verdadera intención que tenemos al momento de utilizarlos para evaluar un concepto en la población.

Ahora tenemos únicamente 30 ítems, ¿qué sucede si aun así siguen existiendo ítems con bajos grados de correlación con el puntaje total que incluso hacen que el Alfa de Cronbach o coeficiente de consistencia interna esté por debajo de 0,8?

Si bien podemos seguir eliminando los ítems que tienen el menor grado de correlación para incrementar el índice de consistencia interna, no es lo más adecuado, lo que tenemos que hacer en este punto es incrementar el valor del Alfa de Cronbach mediante otros métodos.

Ahora vamos a seleccionar los 30 ítems que nos quedan y los vamos a ordenar nuevamente, pero ya no en función del índice de correlación que guardan con el puntaje total, sino esta vez los vamos a ordenar según su varianza: en la primera fila irá el ítem que tiene el mayor grado de variabilidad o mayor magnitud de la varianza y hacia abajo, en orden, los que tengan el menor grado de variabilidad.

Vamos a identificar, con este procedimiento, a aquellos ítems que están expresando menor grado de variabilidad y vamos a comenzar por aquel que se encuentra precisamente en la última fila; a medida que vayamos modificando este ítem, iremos calculando nuevamente el Alfa de Cronbach; si con esto no logramos superar el 0,8 modificaremos el penúltimo ítem y así iremos subiendo hasta la parte superior.

Ahora, ¿por qué un ítem no expresa variabilidad? Porque todos o la mayoría de los evaluados han respondido en la misma categoría, por ejemplo, si les preguntas a un conjunto de personas si están de acuerdo con el aborto, y las alternativas son completamente de acuerdo, de acuerdo, indiferente, en desacuerdo o completamente en desacuerdo, todos van a marcar completamente en desacuerdo.

La causa de ello es muy fácil de deducir, porque todos los evaluados han marcado lo mismo, en cambio, si se cambia la pregunta a: ¿Estás de acuerdo con el aborto terapéutico? Entonces, las respuestas van a ser un poco más dispersas y esto se expresará en el valor de su variabilidad o varianza, por lo tanto, y casi de manera automática el índice de consistencia interna Alfa de Cronbach se verá beneficiado con un incremento en su magnitud.

Entonces, si no queremos seguir eliminando ítems pero queremos incrementar el Alfa de Cronbach lo que debemos hacer es reescribir las preguntas o ítems que tengan menor grado de variabilidad expresado en términos de varianza comenzando por aquel que tenga el menor grado de variabilidad, y lo que haremos es reescribir los últimos 10 ítems, aquellos que tienen menor grado de variabilidad, con la finalidad de ampliar el abanico de respuestas reales de la población, con toda seguridad que el Alfa de Cronbach también se habrá incrementado.

Estamos utilizando el ejemplo de índice de consistencia interna Alfa de Cronbach, pero esto es también válido para el índice de Kuder-Richardson o KR-20, siguiendo exactamente la misma lógica.

Podemos decir que existen dos modos de incrementar el Alfa de Cronbach (el índice de consistencia interna): la primera es eliminando a los ítems que tienen menor grado de correlación con el puntaje total, y la segunda forma es reescribiendo los ítems que tienen el menor grado de variabilidad en términos de varianza.

¿Cuándo utilizar cada uno de estos dos métodos? Esto tiene que ver mucho con la experiencia del investigador, si no tienes experiencia creando y validando instrumentos te recomiendo que sigas paso a paso cada una de las indicaciones seguidas en este manual comenzando por la recolección de las 100 respuestas que buscábamos inicialmente con la entrevista abierta, entrevista a profundidad o no estructurada, y luego ir reduciendo en el camino el número de ítems, tal como se señala aquí.

Ahora, cuando ganes más experiencia en la construcción de instrumentos, vas a ver que a medida que vayas creando y validando instrumentos, estos procedimientos se van a realizar de manera casi automática; en este caso, puedes comenzar con la redacción de tus ítems en un número igual al número que piensas que debe tener tu instrumento final.

En este último caso, la estrategia no es ir reduciendo el número de ítems en el camino, sino más bien reescribiéndolos de una manera distinta, y en este punto precisamente es donde analizamos la correlación de cada uno de los ítems con el total y analizamos la variabilidad de cada uno de los ítems. La estrategia bajo esta segunda perspectiva ya no es eliminar los ítems sino más bien reescribirlos para que expresen mayor grado de variabilidad y esto a su vez nos muestre mayores grados de correlación y como consecuencia obtengamos un mayor índice de consistencia interna Alfa de Cronbach.

Una cosa importante que debemos remarcar es que si encontramos una correlación de algún ítem con el total de valor negativo, de seguro que nos hemos olvidado de invertir la direccionalidad de este ítem cuando hemos construido la matriz de datos.

La solución en este caso es identificar el ítem por el signo negativo de la correlación con el puntaje total y reescribir los números que le hemos asignado a cada una de sus categorías en el orden inverso.

Paso n° 9

Reduce las dimensiones

Una dimensión es un elemento que compone el instrumento, y hasta este momento lo único que compone el instrumento son los ítems, por lo tanto, cada uno de los ítems viene a representar una dimensión; sin embargo, debemos reunir estos ítems según un concepto más amplio que los pueda agrupar.

Por ejemplo, si estamos construyendo una escala para evaluar la calidad de atención, entonces, algunos ítems referidos con las instalaciones de la institución, la apariencia limpia, agradable, los espacios cómodos para permanecer en la institución, los servicios, las instalaciones y los excelentes equipos, se pueden agrupar en un concepto más amplio que corresponde a los **elementos tangibles**, a la parte física de la entidad que está brindando el servicio.

Otro grupo de ítems serían estar siempre atento a las necesidades del cliente, el recibirlos con una sonrisa, brindarles una atención muy personalizada, estos ejemplos de ítems pueden agruparse en un concepto más amplio que corresponde a la **empatía**, es decir, el saber tratar a la otra persona.

Por otro lado, tenemos un conjunto de ítems que se refieren al compromiso que tiene el personal con realizar las acciones que se le solicitan, con la atención que se le presta desde la primera vez, con la eficiencia que se tiene al momento de hacerse cargo de un problema, todos estos conceptos se pueden agrupar en un tema más amplio: **confianza.**

Por otro lado, podemos tener ítems respecto a que el personal está siempre disponible para atender y ayudar a los clientes, el personal está presto a solucionar cualquier problema que se presente, cualquier contingencia y que del mismo prestan atención en el momento oportuno a los clientes que solicitan información y que en caso de necesitar algo muy especial, incluso en ese punto, el personal está dispuesto a ayudarlo, todos estos conceptos se pueden resumir en un tema más amplio: **la capacidad de respuesta**.

Siguiendo en la línea de la calidad de la atención, también podrían haber ítems respecto a la seguridad o a la sensación de seguridad para dejar sus pertenencias en la instalación del servicio, en la percepción de la integridad de los clientes respecto en la seguridad que le brinda el personal de la institución para que se encuentren tranquilos durante su permanencia, estos ítems los podemos agrupar en un concepto más amplio: **la seguridad.**

Entonces, en este punto, en la reducción de dimensiones, nos enfocamos en agrupar ítems que pueden representar un concepto más amplio entre todos ellos.

En nuestro ejemplo de la evaluación de la calidad de la atención, habíamos identificado cinco dimensiones: la primera, los elementos tangibles, la parte física; la segunda, la empatía, el saber atender a las personas; la tercera, la confianza que le generamos al cliente; la cuarta, la capacidad de respuesta, y la quinta, la seguridad que se transmite al cliente del servicio.

A estos conjuntos de ítems que finalmente conforman el instrumento que estamos construyendo se les denomina dimensiones.

Un instrumento tiene varias dimensiones y en cada dimensión hay varios ítems. Entonces, ahora el concepto de consistencia interna toma una acepción mucho más amplia, porque antes teníamos que ver si los puntajes de cada ítem eran consistentes con el puntaje global, ahora tenemos que ver si los puntajes de cada dimensión son consistentes con el puntaje total y, por otro lado, si los puntajes de cada ítem son consistentes con el puntaje total de su dimensión.

Incluso debemos calcular un Alfa de Cronbach para cada uno de los ítems respecto de su dimensión y también un Alfa de Cronbach para el puntaje de cada dimensión respecto del puntaje total, y el razonamiento es exactamente el mismo que hacíamos cuando evaluábamos la consistencia interna, porque estamos evaluando una validez hacia adentro.

Nos encontramos en la fase de la validación cuantitativa del instrumento y aquí hacemos uso de las herramientas estadísticas, el procedimiento que nos permite reducir las dimensiones se denomina ***análisis factorial***.

Desde el punto de vista de la validación de instrumentos, podemos diferenciar al análisis factorial en dos momentos: primero, el análisis factorial exploratorio; y segundo, el análisis factorial confirmatorio. Veamos en qué casos se utiliza cada uno de estos procedimientos.

Primero: análisis factorial exploratorio. Cuando no tenemos aún las dimensiones formadas, el análisis factorial exploratorio nos sugiere la agrupación de ítems a los cuales debemos agregarle un título o un concepto que defina a este conjunto de ítems.

La correlación existente entre los ítems nos permite sugerir matemáticamente que algunos se encuentran asociados no solo numéricamente sino conceptualmente, de manera que es buen inicio para construir las dimensiones agrupar ítems, pero que luego tendremos que identificar conceptualmente.

El análisis factorial exploratorio es en esencia la búsqueda de los grupos a los cuales denominamos dimensiones, tanto en número de dimensiones como en el número de temas que deben conformar cada dimensión.

Es posible que en el recorrido que hemos trazado hasta este punto el investigador haya ido reconociendo bajo su experiencia y su pertinencia como experto que algunos ítems ya estaban definiendo dimensiones de una manera casi natural.

Segundo: análisis factorial confirmatorio. Si ya teníamos definidos cualitativamente a los ítems que iban a conformar cada una de las dimensiones el análisis factorial confirmatorio, nos debe dar fe de que estas agrupaciones se han desarrollado de manera correcta; por lo tanto, la estadística en este punto tiene por finalidad corroborar esta forma de agrupar que hemos planteado de manera teórica.

Esto quiere decir que la agrupación de los ítems lo ha podido venir haciendo el investigador en los pasos previos y que llegado a este punto ya tenga un planteamiento teórico de los grupos de ítems que define cada una de sus dimensiones; por lo tanto, solo se requiere el análisis factorial confirmatorio.

Si bien el número de ítems que conforman cada una de las dimensiones no necesariamente deben ser iguales en número, es ideal que sí lo sean, de manera que la estadística nos sugerirá que algunos ítems salen sobrando de su dimensión; por lo tanto, en este procedimiento también vamos a perder algunos de nuestros ítems a fin de estructurar o sistematizar adecuadamente los ítems que conforman nuestro instrumento.

En este punto también vamos a perder algunos ítems, así como algunos ítems cambiarán de dimensión, de tal modo que nos quedemos con los 20 inicialmente deseados que conformarán el instrumento final.

Paso N° 10

Identifica un criterio

Habíamos mencionado de manera muy sencilla que la validez de un instrumento se podía dividir en validez hacia adentro y validez hacia afuera.

La validez hacia adentro significa que el resultado total del instrumento debe ser consistente con el resultado parcial de cada uno de sus ítems, y a esto se le llama validez interna; la validez hacia afuera significa que los resultados obtenidos con el instrumento deben ser consistentes con los resultados obtenidos por otros instrumentos aplicados a la misma población, y a esto se le denomina validez de criterio.

Por lo tanto, un *criterio* es una segunda forma de evaluar el concepto que pretendemos medir, por eso, a este paso se le denomina "identifica un criterio" y para poder identificar claramente un criterio vamos a referirnos al paso número uno, a la ***revisión de la literatura***.

Habíamos mencionado que existen tres casos cuando nos dedicamos a buscar lo que se ha estudiado hasta este momento acerca del concepto que pretendemos medir: primero, el concepto está plenamente definido; segundo, el concepto está parcialmente definido; y tercero, el concepto aún no está definido.

Vamos a remitirnos al primer punto, **cuando el concepto está plenamente definido**, en este caso, existe una prueba patrón llamada también *Gold Standard* o estándar de oro que se utiliza para evaluar una determinada condición o un determinado concepto.

La pregunta natural que surge en este punto es ¿existe un estándar de oro, existe un *Gold estandard* si existe una prueba patrón? ¿Para qué nos echamos a construir un instrumento nuevo si ya existe una forma certera de conocer la presencia del concepto que pretendemos medir? La razón es muy sencilla: las pruebas denominadas patrón o estándar *Gold o Standard* de oro son en su mayoría muy costosas y toman mucho tiempo para ser realizadas, en la medicina estas pruebas incluso pueden ser invasivas y, por tanto, son muy riesgosas para el paciente, en el caso de que queramos conocer alguna condición que no amerita arriesgarnos tanto o arriesgar la salud del paciente.

Por ejemplo, si queremos evaluar la función sexual o eréctil en un conjunto de varones, existe un instrumento denominado índice internacional de la función eréctil, el cual no es más que un conjunto, un listado de preguntas con alternativas de naturaleza ordinal, es decir, una escala; ahora que si quisiéramos saber exactamente el diagnóstico de certeza de una disfunción sexual o de la función sexual masculina, tendríamos que realizar pruebas de tumescencia y rigidez penianas nocturnas, pruebas de inyección intracavernosa, ecografía dúplex de las arterias penianas, arteriografía y cavernosometría o cavernosografía con infusión dinámica, ya te iras dando cuenta de que estas pruebas no solamente son costosas, sino que toman mucho tiempo y no son nada populares entre los varones.

Por esta razón, debemos identificar un medio más sencillo para evaluar la función sexual y una escala que puede replicar casi los mismos resultados de todas estas pruebas fisiológicas es casi una bendición, siempre que los resultados que tengamos mediante el instrumento denominado índice internacional de la disfunción eréctil coincidan o concuerden con las pruebas diagnósticas especializadas.

Por supuesto, este grado de concordancia o de correlación debe exhibir una magnitud superior a 0,8; si estamos realizando una concordancia aplicamos la prueba estadística Kappa de Cohen y si lo que estamos realizando es una correlación aplicamos la prueba correlación de Pearson.

Ahora, ¿cómo saber si lo que vamos a realizar es una medida de concordancia o una medida de correlación? Esto depende de la forma en que hayamos operacionalizado nuestras variables; si el valor final de las variables que vamos a analizar son categorías, aplicamos el índice Kappa de Cohen. Pero si el valor final de la variable que vamos a analizar son números, aplicamos el índice de correlación "r" de Pearson.

Con esto hemos cubierto el primer caso donde el concepto está plenamente definido y existe un *Gold Standard,* prueba patrón, un diagnóstico definitivo de lo que queremos conocer; la validez de criterio debe ser analizada, precisamente con esta prueba patrón.

Con un instrumento como el índice internacional de la función eréctil, podemos hacer despistaje, podemos hacer tamizaje de un grupo poblacional grande a fin de detectar posibles disfunciones en la población de varones adultos.

Ahora, veamos el caso numero dos: **cuando el concepto está parcialmente definido**, cuando existen artículos incluso pueden existir instrumentos para evaluar el mismo concepto que estamos pretendiendo medir, pero no existe una prueba patrón, no hay un diagnóstico definitivo, este es un caso muy frecuente en la psiquiatría, en la psicología y, por supuesto, en las ciencias sociales.

Si evaluamos, por ejemplo, la depresión del paciente, no hay forma de corroborar si eso es correcto; si evaluamos la calidad de la atención, tampoco hay un diagnóstico de certeza; si evaluamos el clima organizacional, tampoco podremos corroborar el resultado obtenido en este caso.

La validez de criterio lo evaluamos en función a los resultados que se pueden obtener con la evaluación de instrumentos de otros autores, pero sobre la misma población.

Es decir, que no solamente tenemos que aplicar nuestro instrumento a un grupo de personas, sino que a estas mismas personas debemos aplicarles el otro instrumento que haya sido elaborado por un investigador que comparta la línea de investigación.

Por supuesto, la concordancia o correlación de los resultados de nuestro instrumento con los de otros instrumentos para los cuales no hay diagnóstico definitivo o prueba patrón, serán la base para la creación de un consenso para la medición de un concepto que sea consistente a lo largo del tiempo y con la evolución natural del concepto que estamos midiendo.

El tercer punto, **cuando el concepto no está definido**, significa que el investigador es el primero que está definiendo el concepto y lógicamente es el primero que está construyendo un instrumento para evaluar ese concepto, de manera que es imposible que exista un criterio para evaluar un concepto que pertenece a una línea de investigación incipiente.

Si estamos en este tercer caso, donde el concepto no ha sido definido previamente por otros investigadores, plantearemos una correlación con los resultados de la evolución o las consecuencias de la condición evaluada.

ACERCA DEL AUTOR

El Dr. José Supo es Médico Bioestadístico, Doctor en Salud Pública, director de www.bioestadistico.com y autor del libro "Seminarios de Investigación Científica".

Programas de entrenamiento desarrollados por el autor:

1. Análisis de datos Clínicos y Epidemiológicos
2. Seminarios de Investigación Científica
3. Validación de Instrumentos de Medición Documentales
4. Técnicas de Muestreo y Cálculo del Tamaño Muestral
5. Proyecto de Investigación – Diseño de casos y controles
6. Análisis Multivariado – Diseños Experimentales
7. Análisis de Datos Categóricos y Regresiones Logísticas
8. Técnicas de análisis Predictivos y Modelos de Regresión
9. Control de Calidad: Análisis del Proceso, Resultado e Impacto
10. Minería de Datos para la Investigación Científica.
11. Entrenamiento para Tutores, Jurados y Asesores de tesis
12. Herramientas para la Redacción y Publicación Científica

MÁS SOBRE EL AUTOR

El Dr. José Supo es conferencista en métodos de investigación científica, entrenador en análisis de datos aplicados a la investigación científica y desarrolla talleres sobre los siguientes temas:

Libros y audiolibros publicados por el autor:

1. Cómo se hace una tesis (Conferencia 120 minutos)
2. Cómo ser un tutor de tesis (Conferencia 120 minutos)
3. Cómo asesorar una tesis (Conferencia 120 minutos)
4. Cómo evaluar una tesis (Conferencia 120 minutos)
5. El propósito de la investigación (Conferencia 120 minutos)
6. Las variables analíticas (Conferencia 120 minutos)
7. Cómo elegir una muestra (Conferencia 120 minutos)
8. Cómo validar un instrumento (Conferencia 120 minutos)
9. Cómo probar una hipótesis (Conferencia 120 minutos)
10. Cómo se elige una prueba estadística (Conferencia 120 minutos)

¿Quieres saber más?

www.validaciondeinstrumentos.com

Made in the USA
Las Vegas, NV
24 January 2025